JCA研究ブックレット No.32

井戸端からはじまる地域再生

暮らしから考える防災と観光

野田 岳仁◇著
小田切 徳美◇監修

Ⅰ　公共水場への政策的関心

このブックレットの入口は、二つの関心からなっています。

ひとつは、水と人の関係の未来についてです。井戸や湧き水などの身近な水を暮らしに使っていた時代は、水と人との関係が近いだけでなく、水を介して地域の人と人が近い関係にありました。地域の水場は、「井戸端会議」という言葉が示すように、人びとの社交場でもあったからです。

その関係は近代化によって大きく変わりました。いわゆる上水道システムの導入で私たちの暮らしは遠く離れた水源に依存することになりました。その結果、私たちの暮らしは格段に便利になった一方で、身近な水を介した人のつきあいは少なくなりました。すなわち、水とのかかわりが「近い水」から「遠い水」に質的に変化するなかで、水と人との関係だけでなく、地域の人と人のつながりも薄れていくことになったのです（注1）。

近年では、身近な水に対する政策的な再評価によって、井戸や湧き水といった「近い水」を私たちの手に取り戻す動きが急激に増えつつあります。それらの多くは、従来のようにハード面の整備だけでなく、身近な水を活用したまちづくりや暮らしの充実を目指すようなソフト面の手法に力を入れる傾向にあります。いわば、水と人の関係を近づける千載一遇の機会がめぐってきているのです。

しかしながら、残念なことに、実際には、ただ井戸や湧き水が掘り返されているだけで、水と人の関係を深めるような取り組みにまではいたっていません。それで十分ではないかという声もあるかもしれませんが、井戸や湧き水をただ掘り直しても、定期的に管理する人がいなければ、水質が悪化したり、いざというときに砂が詰まって水がでない恐れもあるのです。日頃の利用はもちろん、災害のような非常時にも利用できるような仕組みを整えるには、人びとによる日常的な関与がどうしても不可欠なのです。

どうすれば水と人の関係が深まり、人と人との関係も近づくような社会をつくりあげることができるのでしょうか。この絶好のチャンスを目の前にして、私たちはそれをうまくいかしきれていないように思っています。

こんにちでは、人と人の関係をつむぎ直す革新性をもったさまざまな地域再生の方法や考え方が農山村をはじめとする地方からみられるようになっています（注2）。このブックレットは、「井戸端」という人のつながりの起点であった地域空間を切り口に地域再生の方法を考えていくものです。

もうひとつの関心は、この問題を解決する方法をめぐってやってくる政策的な問いです。先に触れたように、近年行政による「近い水」を取り戻す動きが活発化しています。その典型として注目されるのは、行政による「公共水場」の整備です。

誰もが利用できる湧水や井戸、洗い場といった水場のことを「公共水場」と呼びたいと思います。海外に目を向ければ、ヨーロッパの各地では公共広場の中心に泉がある光景が広く知られていますが、日本でも少しずつ公

（注1）鳥越皓之・嘉田由紀子編『水と人の環境史――琵琶湖報告書』御茶の水書房（1984年）、嘉田由紀子『生活世界の環境学――琵琶湖からのメッセージ』農山漁村文化協会（1995年）。
（注2）小田切徳美編『新しい地域をつくる――持続的農村発展論』岩波書店（2022年）。

共水場が整備されはじめているからです。

加えて最近では、環境意識の高まりから「脱プラスチック」運動が急速に広まっています。大量のプラスチックごみを生みだすペットボトルから水筒を持参するライフスタイルへの転換が消費者から支持されるようになっているからです。公共空間や商業施設に給水スポットを整備する自治体や企業は増加傾向にあり、水場を整備する機運はより高まっていくはずです。

これらの位置づけは政策的にも学術的にも定まったものではありませんが、このブックレットでは、「公共水場」という新しい政策用語を用いて考えていくことにしましょう。

国内の現場の動向を探ると、「公共水場」には2種類のパターンがみえてきます。ひとつは、行政によって整備されるケースです。この場合は水場の所有権は行政にあり、駅前広場や公園などの公共空間に設置されることが一般的です。もうひとつは、個人宅にある私有井戸や地域住民の共同井戸を「公」に開いていくケースです。これは前者と違って、行政に所有権がなく、所有権を持つ住民の協力のもとで誰もが自由に利用できるようにするものです。

このようにみれば、「公共水場」というものは、水場の所有権を行政が保持しているかどうかにかかわらず、水場の利用と管理の実態を捉えて考えていく必要がありそうです。

では、なぜいま行政が「公共水場」整備に力を入れるのでしょうか。その契機となっているのは「防災」と「観光」への政策的関心です。

1　防災──災害時協力井戸制度

繰り返される大規模災害の教訓から、災害直後の生活用水をどのように確保するのかという課題が浮かびあがっています。水道管が破裂したり、停電によって上水道の供給は遮断され、断水となることが多いからです。そのため、災害直後の避難生活では衛生環境が悪化したり、水分摂取を控えることで体調に支障をきたす事例も少なくありません。飲用水については、行政や企業、個人による備蓄や支援物資である程度まかなえるようですが、避難生活が長期化すれば深刻化します。また、手を洗ったり、体を拭いたり、トイレに利用する生活用水については圧倒的に不足するといわれています。

そこで、東日本大震災以降、国や地方自治体では災害時の避難所や防災拠点となる公共施設に井戸が整備されるケースが急増しているのです。その場合、停電時を想定して自噴井や手押しポンプが整備されます。

さらに多くの自治体では個人宅にある私有井戸や地域の共同井戸を「災害時協力井戸」として登録する制度が広がっています。たとえば、東京都新宿区では、地域別防災マップや地域防災計画に災害時協力井戸の場所を記載し、可視化することで広く周知を図っています。また、兵庫県のように防災井戸整備に助成する自治体も増えてきました。

これらの井戸は、災害時に利用するため、所有者による日常的な管理は欠かせません。いざというときに使えなくなる恐れがあるからです。

しかしながら、この制度には思わぬ落とし穴がありました。行政は、住民が井戸を「公」に開く際には、水質検査を代行したり、管理を肩代わりすることがあります。所有者の検査費用や日常的な管理労働の負担軽減と災害時に安心して利用するための配慮によるものです。これは政策的対応として評価されるものでしょう。しかし、住民はなぜか次第に井戸を利用しなくなったり、管理意識が低下するのか、管理を行政に委ねてしまうのです。井戸掃除を通じて顔をあわせていた地域の人たちとの付き合いが薄れてしまったと嘆く声も聞こえてくるようになりました。その結果、いざというときに水がでなかったり、故障していることに気づかないことも起こりはじめているのです。なぜこのようなことが起こってしまうのでしょうか。この疑問は次にふれる観光の現場でも浮かびあがっています。

2 観光――アクアツーリズム

Ⅱ章で詳しく述べるように、国や地方自治体による「名水」の公的選定により、「アクアツーリズム」という新しい観光実践が各地でみられるようになりました。

環境省による名水百選などの「名水」の公的選定を受けると、地域の井戸や湧水施設などを「公」に公開・開放することになります。しかし、地元の地域社会にとっては、悩ましい状況におかれます。自分たちの生活資源でもある水場が観光の対象になることを受け入れることはなかなか難しいからです。

現場では観光客の「まなざし」が気になって、水場が利用しにくくなったり、トラブルになることも少なくありません。つまり、地域社会は葛藤を抱え込んで、しばしば観光が停滞してしまうのです（注3）。そこで行政は、住民の生活への配慮と観光客に気兼ねなく自由に利用できるように、公共水場を整備することが増えてきました。これは地元住民の生活と観光を時間的・空間的に区分することで地域の葛藤を回避しようとするもので、推奨された手法のようです（注4）。

ところが、観光用につくられた公共水場なのに観光客は一向に利用せず、閑散としていることが少なくありません。観光客向けの水場はモニュメントのようで味気なく、ありふれた景観になることで観光地の俗化も懸念され、地域の魅力を失ってしまうようです。たしかに公共水場を整備することは、一見すると観光客にとって便利で好都合に思えますが、観光客の満足を得ることはできないようなのです。

観光スポットや人びとの憩いの場になるように整備された公共水場であるにもかかわらず、なぜ人びとは利用せず、むしろ地域の魅力を失うことになってしまうのでしょうか。ここまで述べてくると、「防災」と「観光」という異なるテーマを扱いながらも、共通した政策課題がみえてきます。

すなわち、防災・観光をめぐる地域の水への再評価を受けて、行政は地域の水場を「公＝すべての人びとのも

（注3）野田岳仁「観光まちづくりのもたらす地域葛藤――『観光地ではない』と主張する滋賀県高島市針江集落の実践から」『村落社会研究ジャーナル』20（1）：11－22（２０１３年）、野田岳仁「コミュニティビジネスにおける非経済的活動の意味――滋賀県高島市針江集落における水資源を利用した観光実践から」『環境社会学研究』20：１１７－１３２（２０１４年）。
（注4）たとえば、橋本和也『観光人類学の戦略』世界思想社（１９９９年）。

の」として位置づけようとしているのです。

しかしながら、どういうわけか、すべての人びとに望ましいように整備された公共水場が、結果的に誰もが利用したいと思えるものにはなっていないようです。

そこでこのブックレットでは、なぜこのような矛盾が生じてしまうのか、その理由を考えていくことにしましょう。そのうえで、どうすればすべての人びとが利用しやすく、居心地のよい「公共水場」をつくりあげることができるのかを明らかにしていきます。このことは公共水場の頭につく「公」を問い直すことにもつながるでしょう。

Ⅱ 長野県松本市による公共水場整備事業

1 公共水場整備の狙い

先の問いに応答するため、公共水場整備のトップランナーとして知られる長野県松本市をとりあげます（注5）。先進地であるからこそ得られる知見とともに、顕在化した課題を把握することができると考えられるからです。

松本市は23・6万人余りの人口を擁する中核市です。西に北アルプス、東に美ヶ原・鉢伏山に囲まれた一大地下水盆でもあります。国宝・松本城を擁する城下町として栄えたことから工芸・職人のまちとしても名高いのですが、江戸中期の書物『松本市中記』（１６９７年）によれば、松本町の職人の最多が豆腐屋80人、4番目に酒屋54人との記録が残っています。松本市がいかに水に恵まれていたかを物語っているでしょう。

現在も市内には、多くの湧き水や井戸が点在しています。市内の市民団体「自然観察写真集団」の調査

（1989年）によれば、市内屈指の湧水群が点在する源地町内周辺（松本市美術館付近）の11町会の409軒中225軒で湧き水利用が確認されたといいます。

2008年には「まつもと城下町湧水群」として、環境省による平成の名水百選に選定され、昭和と平成の名水百選を含めた総選挙で「観光地としてすばらしい名水部門」で第3位になるなど観光地としても高い評価が与えられています。

松本市は「公共井戸」と名付け、中心市街地に段階的に20ヶ所の公共水場を整備してきました（**表1、図1**）。中心的な事業は、建設部都市政策課（現在は都市計画課）による「水めぐりの井戸整備事業」です。2006～2009年度に10ヶ所の公共水場が整備されました。それ以前にも「街なみ環境整備事業」と近年の「水と緑の空間整備事業」を通じて4ヶ所の井戸が整備されています。

さらに「水めぐりの井戸整備事業」には、中心市街地の道路沿いにある既存の個人所有の井戸を「公」にも利用可能にする場合、費用の一部を補助（補助金は事業費の3分の2　上限30万円）する井戸修景補助事業があり、11ヶ所の私有井戸が改修されています（2010～2014年度）。I章で述べたように、私有井戸を「公」に開放しようとする政策的動向をここでも確認することができます。

（注5）松本市の公共水場の事例については、ミツカン水の文化センター機関誌『水の文化』68～70号での連載および拙稿「井戸端の再生に向けた公共水場の機能と所有意識」『農林業問題研究』59（1）：19－28（2023年）を基盤とし、大幅に書き改めたものです。

表1からわかるように、同じ公共井戸の管理といっても、役所内では複数の部局にまたがっています。都市政策課だけでなく、文化財でもある「源智（げんち）の井戸」や「槻井泉（つきいずみ）神社の湧水」は文化財課、松本城周辺の歴史的価値の高い井戸には松本城管理事務所、松本駅前のお城口広場に位置する「深志（ふかし）の井戸」は維持課といった具合に、井戸や土地の性格によって管理部局が異なっているのです。なお、この整備時期には井戸の再掘削も含まれており、源智の井戸や槻井泉神社の湧水のように古い歴史を持つ井戸もあります。

このように公共井戸の管理は基本的には役所内の管理部局が担っていますが、なかには地元町会と協定を結んで、日常的な管理を住民に任せている井戸もあります。

公共井戸は、①市民の水汲み場や憩いの場、②災害時の生活用水、③観光資源の3つの役割があります。「水めぐりの井戸整備事業」パンフレットには「井戸を分散位置したことにより、歩くことが楽しい街を演出し、観光客の回遊性を高めるとともに、市民の憩い場となっています」と記載されています。先にも述べたように、地域の湧水や井戸を探訪する観光は「アクアツーリズム」と呼ばれるようになっていますが、松本市は行政主導型のアクアツーリズム先進地といえます。

松本市・松本観光コンベンション協会・新まつもと物語プロジェクトの3者によるガイドマップ「まつもと水巡り」には、20ヶ所の公共井戸や「公」に開放された私有井戸が掲載されています。このマップには公共井戸を巡りながら、歴史や町並みを楽しめる3つの散策コースが紹介されています。

「水の生まれる街コース」は源地町内周辺を歩き、あちこちから湧きだした水音を聞きながら人びとの暮らし

表１　松本市による公共井戸整備事業

	名称	管理部局	事業	整備時期
1	源智の井戸	文化財課	—	1989 年
2	槻井泉神社の湧水			1990 年
3	北門大井戸	松本城管理事務所	—	
4	北馬場柳の井戸			
5	地蔵清水の井戸			
6	深志の井戸	維持課	松本駅お城口広場整備	2011 年度
7	辰巳の御庭	都市政策課（現　都市計画課）	街なみ環境整備事業	1994 年度
8	鯛萬の井戸			2003 年度
9	伊織霊水			2005 年度
10	大名町大手門井戸		水めぐりの井戸整備事業	2006 年度
11	中町蔵の井戸			2007 年度
12	東門の井戸			2007 年度
13	日の出の井戸			2008 年度
14	西堀公園井戸			2008 年度
15	市役所前庭井戸			2009 年度
16	松本神社前井戸			2009 年度
17	大名小路井戸			2009 年度
18	源地の水源地井戸			2009 年度
19	松栄の湧水			2009 年度
20	なわて若返りの水		水と緑の空間整備事業	2017 年度

（松本市提供資料および聞きとり調査をもとに筆者作成）

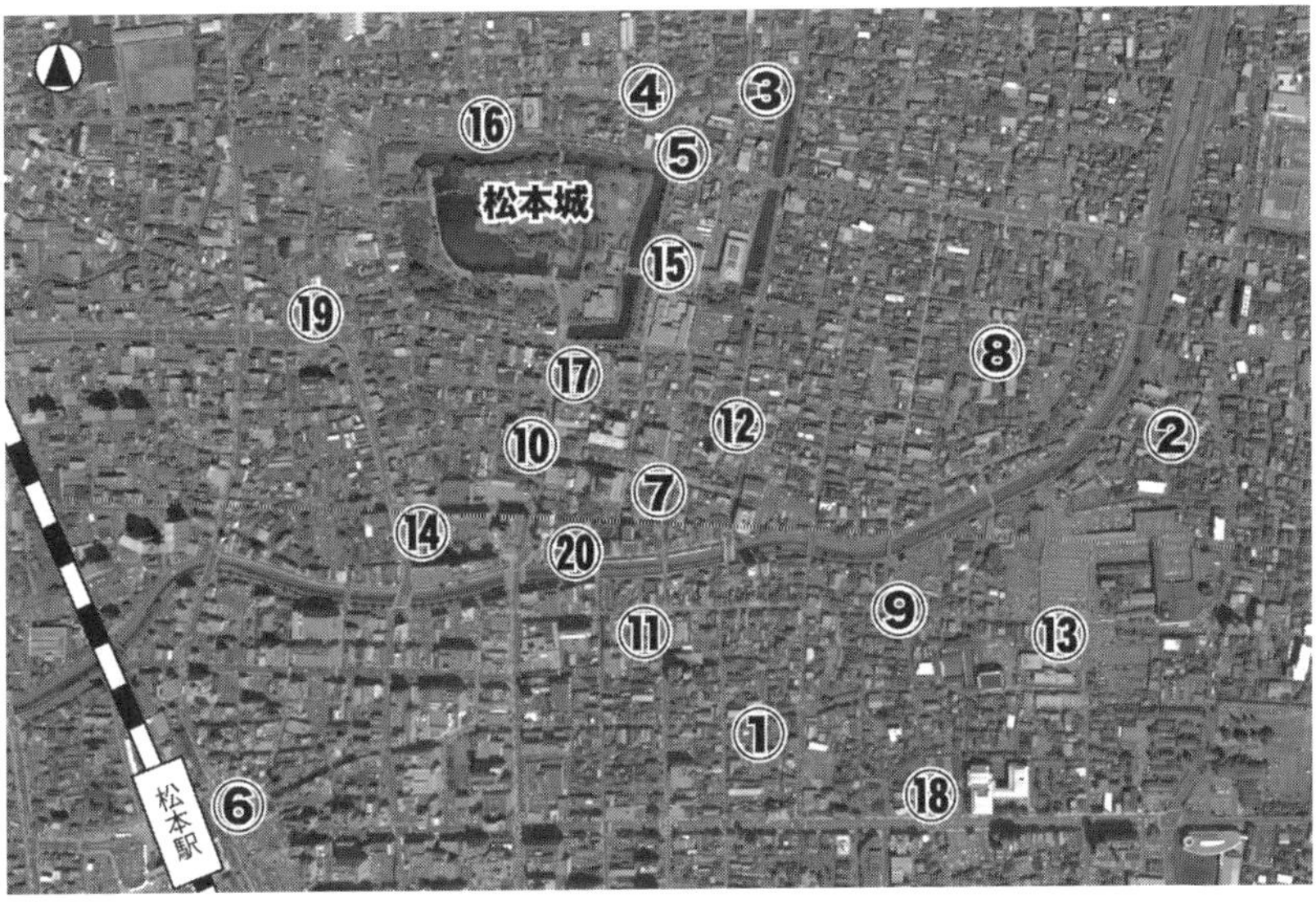

図１　松本市の公共井戸（筆者作成）

に溶け込んだ井戸をめぐるものです。「時代とともに守られた水コース」は、平安時代や江戸時代に由来のある井戸や観光スポットをたどります。「お堀の水をたどるコース」では松本城周辺の井戸や水路をめぐることができます。

いずれも所要時間は徒歩20〜30分程度のコースに設定されており、まち歩きを楽しみたい観光客のニーズをうまくつかんでいるようです。ともすれば、公共井戸は観光に特化した資源のようにもみえますが、興味深いことに、松本市の狙いは別のところにも向いているようです。

松本市では基本構想２０３０、第11次基本計画のなかで水場の整備を地域再生につなげる方針を示しています。２０２１年８月に策定された松本市総合計画（基本構想２０３０・第11次基本計画）の「基本施策５－７緑を活かした魅力あるまちづくり」をみてみましょう。そこには、「河川や井戸など、市民に身近な水辺を活かした憩いと安らぎの空間の創出が求められています」と現状と課題を示したうえで、「中心市街地において身近で貴重な自然環境である女鳥羽川、薄川などの河川や井戸などを、まちの賑わい創出に繋げ、水辺を活かしたまちづくりに取り組みます」と宣言しています。やや抽象的な表現ですが、水場の整備による地域再生につなげたいという意向を持っているのです。

２　水場の整備による地域再生

水場の整備で地域再生というと、大袈裟だと訝しがる人もいるかもしれません。しかし、各地を歩いてみると、たしかに水場の整備は地域再生につながることが示されてきました。

環境省による名水百選の選定地域（昭和と平成で２００選）の多くではそのような動きを確認することができますし、アクアツーリズムと呼ばれる新しい観光実践は、地域再生を目指して地域社会が取り組みはじめたものでもあります。印象に残っているのは、熊本県阿蘇市一の宮町の阿蘇門前町商店街です。

阿蘇は湧き水が豊富で、各家の庭には生活用水に利用する湧水施設が設けられていることが多い地域です。この商店街では阿蘇神社の参道横に面していながらも国道沿いの大型店進出によって衰退傾向にありました。そこで、商店街では各商店の裏に隠れていた湧水施設や井戸を前面に出し、「水基（みずき）」と名付け観光スポットとして整備したのです。

水基の前では住民同士の語らいや商店主と観光客が談笑するにぎやかな光景を目にすることができます。いまや湧水巡りのできる商店街として年間来訪者35万人を誇っています。

来訪客数に目を奪われがちになりますが、旧来型の商店街組織から脱却し、組織再編をするなどして世代交代を果たしたことが見逃せません。水場の整備が水と人とのかかわりだけでなく、人と人のつながりの再構築に結びついているのです。いわゆる「井戸端」の再生です。

このように水場を整備することは地域を変えるチャンスでもあるといえます。阿蘇門前町商店街のように水場を多様な人びとの「憩いの場」にすることで地域再生につなげようと試みる自治体も増えつつあります。では松本市の公共井戸ではどうなっているのでしょうか。

3　公共水場の誘引力の差

「まつもと水巡り」のマップを手に井戸巡りをしていると、オヤっと気になることがありました。同じ公共井戸であっても、多くの利用者が集まるにぎやかな井戸とひと気のない井戸に二分されていることです。

このように述べると、水の味や立地、利便性に理由を求めることができるかもしれません。けれども、水の味は多少の硬度の違いはあっても、その違いが気にならないほど、どれもおいしい水です。また、水汲みをする利用者にとっては、たしかに車で横付けできるような立地やアクセスの良さが決め手になりそうですが、調査をしてみると、これらの要素はあまり効いていないことがわかりました。

ここで2種類の公共井戸の写真をみてもらいましょう。1枚目はJR松本駅前の広場にあるデザイン性に優れた「深志の湧水」です（**写真1**）。もう1枚は、地域の暮らしに溶け込んだ「鯛萬（たいまん）の井戸」です（**写真2**）。あなたは、どちらの水場を魅力的に

写真１　深志の湧水（筆者撮影）

感じるでしょうか。

この写真でもわかるように、「深志の湧水」では、駅前広場という市内屈指の人通りの多い空間にあるにもかかわらず、井戸を利用する人はほとんどみられません。それに対して、「鯛萬の井戸」では地元住民や観光客のにぎやかな利用がみられるのです。

地元住民にとっても観光客にとっても利用したくなるような魅力のある公共井戸とはどのようなものなのでしょうか。同じ公共井戸であってもなぜこのような違いが生まれてしまうのでしょうか。

このような問いは、先に述べたように、アクアツーリズムの現場が抱える悩みでもあります。

名水百選に選定される地域の多くでは、名水を観光スポットにするべく、観光客にも便利な水場が整備されます。しかし、デザイン性や機能性に優れていても、利用者の気配がなく、どこにでもあるような味気ない観光モニュメントと化してしまっている井戸が少なくないのです。なかには手入れがされず不衛生な状態になって観光客を遠ざけることになっていたり、空間が大衆化することによって

写真２　鯛萬の井戸（筆者撮影）

観光地の俗化が懸念されているところもあります。

観光客向けに整備された井戸であるにもかかわらず、なぜ利用されずむしろ観光地の魅力を損なうことになってしまうのでしょうか。

その理由を探るため、20ヶ所ある公共井戸のうちで、もっともにぎやかな利用がみられる「源智の井戸」、「槻井泉神社の湧水」、「鯛萬の井戸」に注目することにしましょう。これらはⅢ章でじっくり分析することにしますが、この3つの井戸には共通点があります。

それは地元住民による日常的な管理が存在していることです。毎週のように定期的に井戸や水槽を掃除する人びとがいるのです。公共井戸は、基本的には行政が所有権を持っており、ポンプのメンテナンスや改修などやや大掛かりな管理を担っていますが、地元町会との協定の有無にかかわらず、率先して住民が日頃の掃除を担っているのです。

一方、「深志の湧水」では、地元住民の日常的な管理はみられません。市から指定管理を受けた業者が清掃を行っています。

だとするならば、誘引力のある井戸の差異には、なんらかのかたちで地元住民がかかわっていると考えられそうです。

この仮説は、行政関係者やまちづくりを勉強している人にとっては、聞き馴染みのあることかもしれません。有効性があるとされる地域政策には住民の協働や参画が不可欠であることは広く知られているからです。

しかし、この仮説はすぐに裏切られることになりました。なぜならば、もっとも利用者の多い「源智の井戸」では、実際に調査をしてみると、たんなる水汲み場として人が殺到しているだけで、松本市が目指すような憩いや安らぎの空間とはいえず、居心地のよさの感じにくい公共空間となってしまっていたからです。

居心地のよさが感じられなければ、水と人のかかわりはまだしも、人と人のつながりを醸成することは難しいといえるでしょう。

その一方で、「槻井泉神社の湧水」、「鯛萬の井戸」の水場では、地元住民も観光客も居心地のよさを誇りに思っているほどに、憩いと安らぎの空間として機能していることがわかりました。

そこで、Ⅲ章では、居心地のよさを感じにくい「源智の井戸」、居心地のよさを感じられる「槻井泉神社の湧水」、「鯛萬の井戸」を掘り下げて、なぜ違いが生じるのか、その理由を考えていきましょう。

その際に注意すべきことは、所有権の有無にかかわらず、人びとの利用や管理の実態から公共水場の性格を捉えていくことにあります。これらの把握は、水場の機能や人びととの水場に対する意味づけの分析につながると考えるからです。

Ⅲ　公共水場の機能と所有意識

1　源智の井戸

松本市を代表する公共井戸として知られる「源智の井戸」は、市内の中心部にあります。地元町会である宮村町一丁目町会には83世帯、166人が暮らしています（2022年3月1日時点）。

源智の井戸の歴史は古く、松本城下町が形成される以前より人びとの飲用水として利用されてきたといわれています。井戸の所有者は、中世以来この地に居を構えてきた河辺氏と伝えられ、天保年間に小笠原貞慶の家臣であった河辺与三郎佐衛門源智に由来して「源智の井戸」と呼ばれるようになったそうです。

源智の井戸は、1834（天保14）年に発行された「善光寺道名所図会」にも記載されるほど当時からよく知られた名所でした。そこには当国第一の名水として、町の酒造業者はことごとくこの水を使い、歴代の領主は制札をだしてこの水を保護したとの記録が残っています。八角形の井筒の形状は絵図を参考にしたそうです。1880（明治13）年の明治天皇松本御巡幸時にはこの水が御膳水として使われました。

このような歴史的価値が評価され、1967（昭和42）年には、松本市特別史跡として文化財に指定されますが、指定当時の井戸の水位は地表より下がっていたようです。そこで、地元住民を中心に「井戸を復元し後世に残したい」という請願運動が起こり、1989（平成元）年に松本市による地下50ｍの再掘削と改修が行われました。再掘削後は毎分約200リットルの湧出量を誇っています。

源智の井戸は20ヶ所ある公共井戸のなかでもっとも多くの利用者でにぎわっています。私たちの研究室で井戸の利用実態を調査したところ、日中の12時間で209人もの利用がありました（注6）。ひっきりなしに人がやってきて、水場では絶えず人の姿がみられます。この数字は各地の水場を歩いてきた私の経験からみても、トップクラスの利用者数といえます。

表2に示した源智の井戸の利用実態をみていきましょう。この表は時間帯ごとの利用者数を属性にあわせて示したものです。

属性は利用者の居住地域で分類しました。左から宮村町一丁目町会内を「町会内」、町会外かつ松本市内を「松本市内」、市外かつ長野県内を「長野県内」、長野県外を「県外」としました。聞きとりが追いつかず聞き逃したものは「不明」に区分し、全体の2割弱に相当します。

利用形態については、「飲用・手洗い（飲・洗）」、「水汲み」、「見

写真３　源智の井戸（筆者撮影）

（注6）2021年8月7日土曜日の朝5時半から夕方5時半まで調査を行いました。調査にあたっては、法政大学野田ゼミ2期生およびミツカン水の文化センターの協力を得ました。

表２　源智の井戸の利用実態

	町会内			松本市内			長野県内			県外			不明			計
	飲・洗	水汲み	見学	飲・洗	水汲み	見学	飲・洗	水汲み	見学	飲・洗	水汲み	見学	飲・洗	水汲み	見学	
5:30-6:00		3		1	4											8
6:00-7:00				1	3											4
7:00-8:00		1		2	1									3		7
8:00-9:00		1			2	2		1								6
9:00-10:00		3	1		11	4			1			2		3		25
10:00-11:00	2	1		2	7					4		2	1	6		25
11:00-12:00					7					3		2	1	1		14
12:00-13:00		1			3		3			6		7		2	6	28
13:00-14:00				3	9					1		5			1	19
14:00-15:00					10	2				4		4	2	1		23
15:00-16:00			1		9	5						4	3	1		23
16:00-17:00			1		9				1			2	2	3		18
17:00-17:30				2	1			2				2		2		9
計	2	10	3	11	76	13	3	3	2	18	0	30	9	22	7	209

（野田研究室による聞きとり調査をもとに筆者作成）

学」の３区分です。「飲用・手洗い（飲・洗）」はその場で水を直接口にするなどの飲用や手洗いの利用です。利用者は通りがかりに立ち寄ったり、水場の向かい側にある眼科の帰りに利用されることが多くみられました（注７）。

一方で、「水汲み」の利用者は大容量のペットボトルやプラスチック製容器を持参して井戸水を汲んでいきます。「見学」の利用者は、水を飲んだりすることもなく、物珍しそうに様子をうかがったり、写真を撮影したり、ガイドブック経由や観光ガイドを伴って訪れる人もいました。県外からの観光客は観光スポットとしての見学利用が多いようです。

利用実態としては、「水汲み」が半数以上となり、次いで見学利用が3割弱、飲用・手洗い利用が2割となりました。この水場は水汲み場としてにぎわっていることが確認できます。

水汲み利用者の属性をみると、7割が市内の利用者で、地元町内の利用者はわずか1割程度です。意外にも市外の利用者はたったの3人でした。このようにみると、主に市内の人たちに利用されている公共水場だといえるのかもしれません。

では管理面はどうなっているのでしょうか。

源智の井戸は、文化財であるため松本市が管理する一方で、日常的な管理は地元町会である宮村町一丁目町会の有志で結成された「源智の井戸を守る会（以下、守る会）」によって行われています。

守る会は、1989年の再掘削後に結成され、当初は毎朝5時半から掃除が行われていたようですが、家事に忙しい婦人には負担となり、また会員も高齢化したため、78〜96歳（調査時点）の高齢男性の5名が月に2回、1時間半ほど水槽内の掃除や周囲のゴミ拾いなどを行っています。もっとも、全員が集まるのは月に2回ですが、会員のそれぞれが毎日のように見回りをして、ゴミを拾うなどの日常的な管理がみられます。

源智の井戸は井筒の上部に網状の木枠がはめられていますが、これは4年に1度行政から依頼を受けた業者に

（注7）県外の「飲・洗」利用の18人は隣接する「源地のそば」店の利用者です。店主によれば、県外からの観光客が多いことから、せっかくならば「源智の井戸」の水を味わってもらいたいと、店内には空のコップが用意され、各自で水を汲みに行くスタイルをとっています。店主やその家族は、このような井戸の利用に対する感謝の気持ちから、定期的に水路掃除を行っています。後にふれるように、これも「所有意識」のあらわれと考えることができるでしょう。

よって外され、水槽内の小石についた藻を取り除くなどの清掃が行われています。井戸から流れ出す水路の掃除は、近隣に寮のある松商学園高等学校の学生や高砂商店街の有志が引き受けているようですが、これらはあくまで補助的な管理とされ、守る会の高齢者わずか5名に大きな負担がのしかかっているようです。利用実態に比べて、脆弱な管理体制であることは明らかです。

利用者および管理者への聞きとり調査をふまえると、次の3点の課題がみえてきました。

① 管理組織の弱体化

日常的な管理を担う「源智の井戸を守る会」は明らかに疲弊しているようです。先にも述べたように、会員は高齢男性5名だけとなり、現在では月に2回の掃除が精一杯であるといいます。守る会にとっての負担とは、掃除という体力面だけではありません。精神的な負担も大きく、情熱を失い欠けているようにみえます。このままでは近い将来に管理者不在になると当事者でさえも危機感を持っていることがわかりました。

② 水質の悪化が懸念されること

「源智の井戸」は、井筒を網状の木枠で囲む形状となっています。たしかに文化財らしく見栄えがいいものです。けれども、管理者の立場からみるとなんとも掃除がしにくいものです。掃除するのに木枠が邪魔になるからです。先に述べたように4年に1回業者が木枠を外して水槽内を清掃しますが、水槽内には1週間もすれば藻が生えます。実際に水槽内や汲み出し口には恒常的に藻が繁殖しています。利用者は水槽内に関心が薄く、これに気づいていないようですが、可視化されれば利用者は激減する可能性があります。

③　文化財ではなく、たんなる水汲み場となっていること

驚いたことですが、利用者は「文化財」であることや歴史的価値があることに惹かれて利用しているわけではありませんでした。つまり、行政も地元住民も文化財であることに誇りを持っていたはずですが、それに価値を感じている利用者はほとんどいません。源智の井戸は、もはや文化財というより、たんなる「水汲み場」となってしまっているようなのです。これでは守る会の人びとの落胆する気持ちを理解できるのではないでしょうか。

先にみたように、水汲みの利用者の7割が市内の利用者であることから、たしかに市民の水汲み場の提供という目的は果たせているのかもしれません。しかしながら、日常的に管理を担う守る会の人たちにとっては、文化財であることや歴史的価値に関心が弱く、ただ無料で湧きでる水を汲むだけの利用者が増えつづけることに対して、なんともやるせない気持ちを抱いているようです。「自分たちはいったいなんのために掃除をしているのか」、そんな疑問が浮かぶこともしばしばあるようです。この状況では次世代に引き継ぐわけにもいかず、「自分たちの代で最後だ」という気持ちでいるそうです。守る会によるこの疑問は、私たちが感じた違和感とも無関係でないように思います。

実際に調査をして気になったのは、にぎやかな利用がみられる一方で、現場にはやや緊張感のある空気が流れていることです。利用者のほとんどは、お互いに顔を合わせても挨拶や談笑する光景がみられず、ときには競い合って水を汲むような場面もありました。利用者のそれぞれが無言で淡々と水を汲み、それを終えたら、さっと

帰っていくのです。

水汲み場なんてそんなものだろうと思われるかもしれません。また、コロナ禍で不要な会話を控えようとする気持ちが働いたからかもしれません。

しかし、これほど多数の利用者がいながらも会話の乏しい水場は記憶にありません。水場で調査をしていた学生たちも居場所がなく、落ち着かない様子でした。利用者がみなそそくさと水場を去っていくのも、居心地のよさが感じられないからかもしれません。それでは、居心地のよい水場にはどのような工夫があるのかをみていくことにしましょう。

2　槻井泉神社の湧水

「槻井泉神社の湧水」のある清水西町会には155世帯、228人が暮らしています（2022年3月1日時点）。水汲みに来る人の大半は近隣住民で、「源智の井戸」のように観光地化されておらず、地域に溶け込んでいることが特徴です。このことがむしろ遠方から訪れる人を惹きつけているようです。利用者は決まって居心地のよさを誇らしく語ります。調査に同行した学生たちも思わず長居してしまうほどでした。

「槻井泉神社の湧水」と御神木のケヤキは、1967（昭和42）年に文化財指定（松本市特別史跡および特別天然記念物）されています。これらは、法律上は個人所有となっていますが、文化財でもあるため、市の文化財課が管理を行っています。しかし、地元の人びとの意識のうえでは町会の共有資源であるようです。

「槻井泉神社の湧水」は厳密にいえば、水汲み場と地元で「大井戸」と呼ばれる2種類の水場があります（**写真４、写真５**）。地元町会では古くから「大井戸」を大切にして、日常的な管理を行ってきました。毎朝欠かさず落ち葉掃除をするという91歳の梶葉邦雄さんは、市の文化財であっても毎日掃除しなければ、訪れる観光客に「恥ずかしい」という思いだと語ってくれました。

法律上の所有権がなくとも、市の文化財であっても、地元の人びとにとっては、「町会の大井戸」であるという自覚と責任を持って管理されているように感じられます。

水場の利用者は、ほぼ必ず神様に手を合わせます。近隣住民が立ち話をしていたり、ある青年はコップを片手にふらりと立ち寄り、ベンチに座って読書をしたり、それぞれがこの場を楽しんでいるようです。この空間にとって湧水はあくまで居心地のよさをかたちづくる要素のひとつでしかないようです。

この居心地のよさを紐解くうえで欠かせないのは、地元町会である清水西町会の存在です。大井戸や湧水の定期的な掃除はコロナ禍

写真４　槻井泉神社の湧水（筆者撮影）

以前には町会の長寿会（老人会）や町会役員が担ってきましたが、現在は有志による掃除に切り替えています。なかでも中心的なのは、先の梶葉さんと穂苅正昭さん、町会長の山本英二さんです。町会にとってこの空間がいかに特別なのか、よくわかることがあります。

驚くことに、この町会では、町会内に文化部があり、「区民だより（町会の広報紙）」を1962年より現在まで61年も欠かさず発行されているのです。

「区民だより」第1号の当時の町会長による「発刊に寄せて」の冒頭は次のような文章ではじまります。「文化は私達に夢と、希望と、時により情熱を与えてくれます。私達は、日常の生活においても常に文化的要素の吸収を、時には意識し時にはまたそれとは意識せずに追求しているのです。それが現代の社会に生きる私達の姿とも云えるのではないでしょうか。文化の開発こそ私達に与えられた栄ある使命と云うも過言ではないと信じます」。続いて、「区民だより」は、「区の広報と云ったようなものですが、これをしてただ広報と云うだけでなく、多分に文化性を織り込んだ香りの高い刊行物でありた

写真５　大井戸（筆者撮影）

いと願っている次第です」とあります。なんという見識の高さでしょうか。

さらに文化部では、住民による文化展やコンサートなど実に多彩な活動を行ってきました。豆腐店を営んでいた山内竹子さんによると、公民館では日舞やカラオケなどサークル活動も盛んで、それはにぎやかであったといいます。だからなのでしょうか、住民のみなさんの地域の歴史や文化に対する造詣が極めて深い印象を持ちます。

区民だよりを参照すると、御神木であるケヤキがあり、水神が祀られ、湧水があって、公民館が併設するこの空間一帯が地域のシンボル的な場所であり、人びとの精神的な拠り所であり続けていることがよく理解できます。

「槻井泉神社の湧水」は、1990（平成2）年に市によって改修されています。これは町会にとって長年の懸案事項であったようです。大井戸の水が冬になると枯れることが続いていたからです。そこで、町会として「槻井泉神社池（大井戸を指す）の通年湧水と景観整備」について市長へ要請書を提出し、交渉を続けていたのです（「区民だより」第36号）。しかし、せっかく40mの深さにボーリングしたのにもかかわらず、冬場には再び枯れてしまい、通年湧水が実現するように市と話し合いが続けられました。その後も、長寿会の掃除によって水が湧き出したこともあったようですが、水枯れの問題は解決しませんでした。

2002（平成14）年には、5月上旬の雨によって待望の水が湧き出したことが綴られ、この水をなんとかして飲めるようにと小型ポンプを取り付け、水汲み場を設置して湧水を供給するよう試みたようです。

さらに2年後の2004年に市の補助金を受けて神社前の整備、大井戸の改修、水汲み場の設置、神社の案内板などが設置されました。見違えるように改修されたことにより、町外からの見学者が増えたことが報告されています（第50号）。このように大井戸の改修は町会の最重要課題だったのです。

大井戸の改修だけでなく、1967年竣工の大井戸に架かる水神橋の度重なる改修、鳥居の改修からケヤキの剪定、毛虫の駆除に至るまで、絶えずこの空間に町会として働きかけが続けられていますし、区民だよりを通じて住民に逐一報告されています。まるで水場のある空間が人びとにとっていかに大切なのかを訴え続けているかのようです。

「槻井泉神社の湧水」の居心地のよさとは、このような町会による働きかけの積み重ねのうえに形成されたものといえるでしょう。

3　鯛萬の井戸

「鯛萬の井戸」のある下横田町会には210世帯、357人が暮らしています（2022年3月1日時点）。「鯛萬の井戸」に2019年の夏に訪れた際は、ひっきりなしに住民や観光客が訪れるにぎやかな水場でしたが、2021年夏の調査時には利用者の姿がなく閑散としていました。

驚いて聞きとりをしてみると、コロナ禍にあることで汲みに行く回数を控えているようでした。以前は、やかんを手にその都度水を汲みにいくほど頻度の高い利用がみられたことから、水を汲むだけでなく、井戸に行けば誰かに会えることも楽しみであったのでしょう。観光客がやって来ると、「どこから来たの？」、「おいしいお水でしょう？」と声をかけて井戸端会議を楽しんでいる様子がみられたからです。

この井戸も市建設部都市政策課の「街なみ環境整備事業」によって2003年に公園とともに整備され、地元町会と協定を結んで日常的な管理は町会に任せているといいます。ただ、実際には町会として組織的な管理を担っていません。

井戸が整備され、協定を結んだ当初は、町会として持ち回りで掃除をすることにしたそうですが、それは続きませんでした。それでは無責任ではないかと、井戸の隣に実家のある大野幸俊さんが毎週土曜朝4時半から一人で掃除を続けることになりました。このことは町内でもほとんど認識されていませんでした。

それから5年後に大野さんが一人で掃除をしていることを知った同じ町内の山下道夫さんが手伝うことになり、その6年後に奈良金一さんが加わることになりました。奈良さんは町内住民ではありませんが、早朝に利用した際に掃除をする2人の姿が目に入り、この水場は掃除をする人のおかげで毎日利用できていることに気付いたそうです。それなら自分もお礼がしたいと掃除に加わることになったのです。

私が深く感動したことは、大野さんらの掃除に対する規範意識にあります。大野さんは、井戸掃除とは、「水を守ること以上に人を守ること」だと話してくれました。どういうことなのでしょうか。

言うまでもなく湧き水は飲み水ですから、藻が生えないように水槽内を衛生的に保つ必要がありますが、藻を放置していると水槽の周りも滑りやすくなります。水を汲む際に足を滑らせれば事故にもつながりかねません。万が一事故が起これば、この井戸は使用禁止となり、憩いの場を失いかねません。

そして市と協定を結び、管理責任を担っている町会の責任も問われることになるでしょう。だから毎週の井戸掃除とは一時の善意や義務感なんかで続けられるようなものではないのです。

見逃せないことは、町会の一部の有志に加え、町外住民も加わっているけれど、それでも意識のうえでは「町会の井戸」と認識されていることです。かれらは、ただボランティア精神で突き動かされているのではなく、町会に対して、さらにいえば、掃除にかかわっていない町会の人びとに対する働きかけをしているようにも感じられます。

調査も終盤に差し掛かった頃、親子連れが水遊びに訪れていました。すると、小さな子どもが水槽の端に登りはじめました。石板には水がかかっていて足を滑らせないかと、思わずヒヤリとしました。その瞬間に大野さんと顔を見合わせると、「滑らないように掃除していますから」と自信を持って微笑む姿がありました。

その時、私は大切なことを教えてもらったように感じました。井戸掃除とは、「人の命を預かっていること」と同義であるということです。

同時にこのような認識を持っていなければ憩いの場の掃除は成り立たないということなのでしょう。井戸掃除というと、ただ労働力として人員を補充すれば事足りるのではないかと考えがちですが、それでは不十分であるということです。決して誰でもいいわけではないのです。

憩いの場として水場を維持するのは容易いことではありません。けれども、子どもが安心して遊ぶことができ、誰もが居心地よく過ごすことのできる「鯛萬の井戸」を支えているのは、井戸掃除を担う大野さんらの規範意識にあるといえそうです。

「槻井泉神社の湧水」と「鯛萬の井戸」は、市の管理下にありながら、人びとの意識のうえではあくまで「町会の井戸」なのであり、人びととの憩いの場になるように掃除を含めたさまざまな働きかけの結果として、すべての人びとにとって居心地のよい空間となっているのでしょう。

4　公共水場の居心地のよさの正体

本章では、松本市内でにぎやかな利用がみられる「源智の井戸」、「槻井泉神社の湧水」、「鯛萬の井戸」の３つの公共井戸をとりあげ、居心地のよさに違いが生じる理由を水場の利用と管理の実態に注目して考えてきました。

それぞれの水場の利用実態からみえてきたのは、水場の機能や性格です。「源智の井戸」は、かつては地元住民の憩いの場であったようですが、現在は「水汲み場」という単一の機能に特化した水場といえます。

それに対して、「槻井泉神社の湧水」と「鯛萬の井戸」では、「水汲み場」でありながらも、それはあくまで複数ある機能のうちのひとつにすぎません。参拝したり、近所の人に会うためにやって来たり、読書を楽しんだり、子どもの遊び場であったり、人びとがふらりと立ち寄りたくなるような空間になっていました。いわば多機能型の水場ということができます。

すなわち、ひとつ目の差異は、水場の機能性にあります。ただ水を汲む機能を備えるだけでは、人びとがかかわり、つながるような空間にはなりにくいのかもしれません。

ここで大切なことは、「槻井泉神社の湧水」と「鯛萬の井戸」にみる多機能性とは当初から備わっていたものではないことです。管理の実態からもわかるように、管理を担う人びとによる規範意識や利用者を含めた働きかけが積み重なり、結果的に多機能性を帯びることになっていることです。

続いて、管理の実態を振り返っていきましょう。

「源智の井戸」と「槻井泉神社の湧水」では、地元町会を母体として日常的な管理が続けられてきました。一方で、「鯛萬の井戸」では、地元町会の関与は弱く、3名の有志による管理に支えられていました。

共通点は、法的な所有権はなくとも、管理を担う人びとや町会組織が「所有意識」を持って対象に働き続けていることでした。しかし、「源智の井戸」では、その思いはかつてより弱まっており、「槻井泉神社の湧水」と「鯛萬の井戸」の管理者には強固な所有意識を確認することができました。これが2つ目の差異です。

「槻井泉神社の湧水」では、地元町会の清水西町会による働きかけがありました。清水西町会は61年もの間絶え間なく、「区民だより」を発行していたり、町会内に文化部を持つユニークな町会です。湧水のある空間は、御神木であるケヤキがあり、水神が祀られ、公民館が併設されています。この空間一帯が地域のシンボル的な場所であり、人びとの精神的な拠り所であり続けてきました。この空間の歴史的な変遷やこの空間に対する町会の思いについては「区民だより」でも繰り返し報告されていました。「槻井泉神社の湧水」の居心地のよさとは、町会による働きかけの積み重ねによるものといえます。

「鯛萬の井戸」では、3人の管理者による規範意識に注目しました。その規範意識とは、井戸掃除は「人の命を預かっていること」と同義であり、水場を憩いの場にするには「水を守ること以上に人を守ること」を意識した掃除が求められるというものでした。「鯛萬の井戸」を訪れるのは水汲み利用者だけではありません。子どもを遊ばせる親子連れもやってきます。親子連れにとっても安心できる水場にしたいとかれらが考えて掃除をしているからこそ、居心地のよい空間になっているのでしょう。水場の日常的な管理者には、こうした規範意識が求められ、責任ある役割を担っていることを教えられました。

まとめましょう。松本市の公共水場において、居心地のよさを感じにくい「源智の井戸」、居心地のよさを感じられる「槻井泉神社の湧水」、「鯛萬の井戸」の違いをわけていたものとは、次の2点になります。

ひとつ目は、水場の機能や性格です。「槻井泉神社の湧水」、「鯛萬の井戸」では、水汲み以上の機能を帯びていました。複数の機能があると、多様な利用者のかかわりしろを増やすことにつながるのかもしれません。

もうひとつは、管理を担う人びとや組織が抱く「町会の井戸」という「所有意識」のことです。もちろん意識にはそれぞれ濃淡がありますが、どうやらその意識の濃淡がなんらかの違いを生んでいそうだということです。

それでは、なぜ地元住民が水場に対して「所有意識」を持つことが大切なのかをⅣ章で深堀りしていくことにしましょう。

Ⅳ　公共水場に対する所有意識と社会的権利

1　水場における社会的権利の生成

ここで地元住民が「所有意識」を持って管理を担うことの政策的な意味について考えていきましょう。それは、

「所有意識」を持って公共井戸に管理（掃除）という働きかけを続けると、その行為の積み重ねの結果として、管理者である地元住民や町会組織にある種の「権利」を生じさせるということです。

ここでいう権利とは、法的な権利でありません。繰り返しになりますが、管理者は所有権を持っているわけではないのです。しかし、それでもある種の権利としか呼べないような能力を持っていると考えられます。なにをいっているのか困惑される方が少なくないでしょう。それは「所有」というものを狭い意味で捉えているからです。説明しましょう。「所有」というものは、2種類にわけることができます。

まずひとつは、法的な所有権のことです。その本質を端的に述べれば、「契約関係」にあるといえます。土地の所有権のように、法的な契約を結ぶことで私たちは、所有する権利を保持していることを法的に示すことができるようになります。私たちの頭に浮かぶ「所有」というあり方は法的な権利のことを指しているはずです。

その一方で、私たちのありふれた生活のなかには、法的な所有権とは異なる所有のあり方が存在しています。この所有のあり方は「社会関係」にポイントをおいたものです。あるモノを所有しているかどうかは、法的な契約の有無ではなく、その人がモノへどのような働きかけを行っているかどうかで私たちは判断している、というものです。

ここで例をあげましょう。大学の教室や食堂、職場の会議室などを思い浮かべてみてください。教室や会議室でいつも同じ席に座ったりすることはありませんか。そして、その席に別の方が座っていると、なんだか戸惑ってしまうことはないでしょうか。逆に、ここはあの人が座る席だと周囲の人たちから認識されているようなことはありませんか。大学で授業をしていると、小教室でも大教室でも学生の多くは不思議といつもと同じ席に座りたがります。あくまでも教室は自由席なのに、です。

にもかかわらず、いつも同じ席に座るといつの間にかその人の指定席のように周囲も認識していることがあります。法的な所有権は持っていないのに、その席に絶えず座るという座席への働きかけを通して、あたかもその座席の所有権を持っているかのように本人も周囲の人たちも感じてしまうのです。

すなわち、所有とは、モノへの働きかけであると同時に、周囲の人びとへの働きかけでもあるのです(注8)。したがって、地元住民が「町会の井戸」という気持ちを持って日常的に井戸を管理すると、周囲の住民も観光客も、それらの管理者の人たちがなんらかの権利をもっているように認識するようになるのです。

ここでいう「権利」とは次のようなものを指します。松本市の公共井戸は原則的に行政に法的な所有権があるため、井戸の改修や処分する権利は行政が保持しています。しかし、だからといって行政が独断で井戸の改修や取り壊しを決めることは現実的にはありえません。日常的な管理を担う町会や管理者の意向を無視できないからです。つまり、「所有意識」を持って井戸を管理し続ける行為の積み重ねが法的な所有権を相対化させることにもなっているのです。その意味で、管理者である地元住民はやはりある種の「権利」を持っているといえます。そして、この権利は周囲の人たちから認められてはじめて生成される「権利」と言い換えることもできます。

(注8) 藤村美穂「社会関係からみた自然観」日本村落研究学会編『川・池・湖・海　自然の再生21世紀への視点』(年報村落社会研究32) 農山漁村文化協会：69－95 (1996年)。

この権利を「法的権利」との違いを明確にするため、ここでは「社会的権利」と呼んでおきましょう。環境社会学や地域社会学ではこれを「共同占有権」と呼び、その政策的有効性を見出してきました(注9)。

ともあれ、地元住民が「所有意識」を持って水場に働きかけを続けることによって「社会的権利」を生じさせることになるのです。

行政側もこれを権利の水準で認識していなくとも、住民の参画や関与に有効性のあることを経験的に理解しています。しかし、この有効性があるのは、住民がかかわることにあるのではなく、地元住民に「社会的権利」が生じることにこそあるといえます。地元住民の「所有意識」やその意識が生じさせる「社会的権利」にまで理解を深めていくことがこれからの政策の良し悪しを左右させるはずです(注10)。

ただし、この権利は、法的な契約関係でもありませんし、可視化されたものではありません。したがって、しばしば見逃されたり、奪われたり、不安定な権利でもあります。

そこで「防災」と「観光」の現場において、意図せず、「社会的権利」が奪われたり、周囲から認識されにくい状況になった事例をみていくことにしましょう。具体的にみることによって、はじめて政策的対応が可能になるからです。

このうち、「観光」については、この権利が奪われることによって魅力に欠ける水場になってしまった事例です。「防災」については、住民が水場にさまざまな働きかけを行うことによって社会的権利が生成する事例をとりあげます。

2　社会的権利の剝奪：秋田県美郷町六郷地区

秋田県仙北郡美郷町六郷地区も全国的によく知られた名水のまちです。六郷地区には120箇所を超える清水（シズ）があるといわれており、人びとの生活に利用されてきました。このようにまとまった数で清水が残されているのは珍しく、1985年には「六郷湧水群」として環境庁（現　環境省）の名水百選に選定されています。

清水は松本市のように行政が整備したものではなく、もともと地域の共同の水場ですが、名水百選の選定を受けて、清水は「公」に開いていくことが求められるようになりました。いわば公共水場の役割が付与されたのです。そこで、行政は名水百選の選定を契機に観光化に乗りだすにあたり、それまで地元住民が担っていた水場の管理を行政が肩代わりすることを決めます。

（注9）共同占有権は、経済史における本源的所有と通底した概念であり、対象に「働きかけた者たちが本源的な意味の所有権をもっており、伝統的には、共同で働きかけたり、ある時代や時期を限れば個別の家の働きかけにみえても長い視野で考えてみると、当該コミュニティが共同で関与してきた」（鳥越、2009：57－58）権利のことを指します。地元住民は共同で占有してきた事実を根拠に「当該地域の環境改変に対して判断権を持つという主張」（鳥越、1997：66）が可能であることが指摘されてきました。住民と行政職員との話し合いのなかでこれらの権利の存在が見いだされ、それを政策にいかすことで効果が発揮されてきました。以上は、鳥越皓之『環境社会学の理論と実践――生活環境主義の立場から』有斐閣（1997年）、鳥越皓之「景観論と景観形成」鳥越皓之・家中茂・藤村美穂『景観形成と地域コミュニティ――地域資本を増やす景観政策』農山漁村文化協会：16－70（2009年）より。

（注10）「所有意識」や「社会的権利」の考え方は、水場でとくに顕在化しやすいものですが、まちづくりの対象となる地域資源や建造物、人びとが集う空間に対しても広く応用可能であると考えています。

というのも、住民による清水の管理は組織的なものではなく、近所の婦人らの世話人が支えているような脆弱なものにみえたからです。ところが、しばらくすると住民は違和感を感じるようになり、最終的には住民が利用しにくい水場になってしまいました。なぜこのような結末となってしまったのでしょうか（注11）。

（1）観光化への経緯と水場の仕組み

1985年に「六郷湧水群」として名水百選に選定されると、町は名水を保全するとともに、各清水には案内板やベンチを設置し、観光スポットとして整備しました。

観光客は、町が作成した清水のガイドマップを手に気軽に散策することができ、洗い場では水を汲んだり、休憩できるようになっています。六郷地区においても水場を住民や観光客の憩いの場にすることが目指されていることがわかります。

さらに町の観光協会では観光客を誘致するため、ボランティアガイドによる無料のガイドツアーが運営されています。観光資源に恵

写真６　御台所清水（筆者撮影）

まれない美郷町のなかでは、観光名所として多くの観光客を集めてきましたが、２００９年に8万人を超えていた観光客数は２０１２年には半減するなど減少傾向にあります。清水は公園のような公共空間に整備されているものの、利用者の姿がみえず、閑散としています。

六郷地区を象徴する洗い場として名高いのは、「御台所清水」です。もっとも湧出量が多く、その量は毎秒５３０リットルともいわれています(注12)。御台所清水が所在する本道町内には、１３７世帯、４２０人が暮らしています（２０１０年調査時点・総務省統計局）。

清水は石垣で囲まれ、地面だけでなく石垣の下からも水が湧きだしています。下流部の流れのある場所に四ツ橋状に足場が組まれ、水の流れに沿うように、用途によって空間が使い分けられています。

湧水の湧き出し口に近い足場は、飲用に水を汲む場所です。その左側には味噌樽や漬物樽が冷蔵庫代わりに沈められています。清水では漬物の保存に向いているそうで、地上で3日間ほどしか保存できないものでも清水に冷やすと一週間は保存が効くそうです。その下流部には調理場もあり、石の足場をまな板代わりに野菜を切ったり、魚をさばくことがあるそうです。最下流部は洗濯場です。汚れのひどいものはより下流で洗うことがルール

(注11) この事例は下記の論文の一部を加筆修正したものです。野田岳仁「コモンズの排除性と開放性――秋田県六郷地区と富山県生地地区のアクアツーリズムへの対応から」鳥越皓之・足立重和・金菱清編『生活環境主義のコミュニティ分析――環境社会学のアプローチ』ミネルヴァ書房：１５９－１７６（２０１８年）。
(注12) 肥田登「名水を訪ねて（2）秋田県六郷町の湧水群」『地下水学会誌』30（2）：１０９－１１２（１９８８年）。

となっています。このように多様に利用される空間であったから夕方にはたくさんの人が集う社交場でもありました。

こうした利用に応えるように、近隣住民が清水の管理を担ってきました。住民同士の信頼関係に基づくもので、世話人の婦人がその都度、利用者に声をかける形式で、月に2、3回掃除を行ってきました。

このことから、清水の管理は利用者が担うことがルールであったことがわかります。本来、御台所清水は、誰でも自由に利用できるような水場ではありませんでした。掃除を担うものだけが利用を許されるような排他的な仕組みだったといえます。

それが次第に、自家用の井戸をつくる住民が増え、利用者は減少していきました。世話人の婦人が亡くなってからは息子夫婦が暫定的に管理を担うような状況でした。六郷地区水場では組織的に管理されておらず、行政としても、とても清水の観光化に耐えられるとは考えられませんでした。

(2) 管理の外部委託による社会的権利の剥奪

そこで行政は、これまで住民が担ってきた清水の管理を外部の清掃業者に委託することにしました。清掃業者は、観光スポットになっている17ヶ所の清水を毎日清掃してまわることになったのです。町によるこの対応は、住民側の負担を軽減するものとして歓迎されました。

ところが、住民からは次第に違和感や不満の声が聞かれるようになりました。ひとつ目の不満は、掃除の仕方です。住民の行う掃除とは水中の石にこびりついた藻を取り除くなど、最低でも2時間ほどかかるものでした。しかし、清掃業者による掃除は、2時間で17ヶ所の水場を回る必要があり、散乱するゴミを拾うような見栄えを整えるだけのものでした。

それ以上に不満なことは、次のようなものでした。「何やら自分たちの清水ではないような気がして使いにくくなってしまった」という声です。この住民の発言の意味をどのように考えればよいでしょうか。

先にみた清水の利用と管理の仕組みをふまえれば、住民は清水の管理を担うことで清水を利用する権利を得てきたといえます。

御台所清水の掃除では、世話役の婦人が利用者に声を掛け、利用者は掃除の義務を果たすことで利用が社会的に承認されてきたわけです。つまり、清水の利用と管理は、権利と義務の関係にあったといえます。だとするならば、そのどちらかでも一方を切り離してしまえば、この仕組みは壊れてしまうことになります。つまり、住民が清水を使いにくくなったという気持ちは、部分的であれ清水の管理を外部に委託することによって、水場を利用する権利を主張しづらくなってしまったことに起因します。

住民の利用する権利を奪われた水場は観光客に利用をためらわせるものです。住民からは「いまの清水を観光客にみせるのは恥ずかしい。情けない」との嘆きの声も聞かれます。清水のある空間は一見すると、きちんと整備され、憩いの場のようにみえます。しかし、そこにはただ水が湧きだしているだけで、なんとも魅力に欠ける親水公園になってしまったのです。

この事例は残念ながら「社会的権利」が奪われることになりましたが、こうした権利の剥奪を未然に防ぐかのように水場に働きかけを続ける人びともいます。続いて、東京都心の災害時協力井戸の事例をみていきましょう。

3　社会的権利の生成：東京都市ヶ谷地区

(1)　東京都心の共同井戸

メガロポリス東京の都心部に井戸が残っているといっても、にわかに信じられないのではないでしょうか。東京都新宿区にある市ヶ谷地区は、東京都心を環状運転するＪＲ山手線の中心に位置しています。新宿区の地域別防災マップをみてみると、この付近だけでも30ほどの井戸が災害時協力井戸に登録されていることがわかります。東京都水道歴史館所蔵の明治期の古地図によれば、当時の牛込区のなかでもこの付近はとくに良質な地下水に恵まれていたようです。

ここでとりあげるのは、市谷柳町の路地裏にある井戸です（**写真７**）。井戸の直径は60㎝、井戸の深さは５ｍほどの浅井戸にあたります。井戸水の水温は16度、水深は２ｍほどあるようです。

井戸がつくられたのは明治期の頃とされ、はっきりとはわかっていませんが、この井戸の世話人である佐藤元昭さん宅の母屋が建てられた１９０９（明治42）年にはすでに井戸があったと聞かされているそうです。昭和30～40年代までは桶やタライを持って洗濯物を洗っていた記憶があるといいます。その後は利用者も減ったそうですが、近年でも白菜を洗って漬物をつけたりしていたそうです。

このように地域の「共同井戸」として生活に欠かせない存在でした。井戸水は一度も枯れたことがないそうです。地元では井戸水を直接飲むことは表立って推奨することはありませんが、飲める水であることに誇りを持っているといいます。

地元では、定期的に10項目の水道法水質基準の検査が行われ、全項目で異常なしとの検査結果が報告されています。わずか5ｍほどの浅井戸にもかかわらず、飲用に適した水質の水が湧きでていることに驚かされます。思わず東京都心の話であることを忘れてしまいそうです。

さらに驚くのは、この井戸を利用する柳町町会第4部の人びとを中心として「井戸維持保存の会（以下、保存会）」が２００９（平成20）年に結成されたことです。上水道もあり、コンビニでミネラルウォーターを手にすることができる時代になぜ井戸の保存会をつくる必要があるのでしょうか。

もちろん現在では、先にふれたように災害時協力井戸という行政

写真７　市谷柳町の共同井戸（筆者撮影）

制度の一部にも位置付けられるようになり、防災用の公共水場としての役割を担っています。しかし、世話人の佐藤さんによれば、保存会結成の目的はそれとは違うところにあるといいます。その目的とはどのようなものなのでしょうか。

(2) 井戸保存会の狙いと仕掛け

保存会結成への経緯をたどってきましょう。

説明するまでもなく、東京都心は開発圧力の強い都市です。2000年代に入ると、相次いで近隣に高層ビル建設計画が浮上しました。そこで、井戸に影響がでる前に組織を結成することにしたのです。その当時は、「命の水を大切に守りたい」という気持ちであったそうです。しかし、話を聞いていくと、目的はたんなる井戸水の保全にあるわけではないようです。

保存会の会則をみていきましょう。総則では、本会は「井戸を守るため、近隣住民で結成する」とあります。目的には、「本会は、井戸維持保全に努め、災害・緊急時には会員協力のもと、救命を第一と考え水要望者に平等に供給すると共に、会員の親睦を図ることを目的とする」とあります。会員資格として、「本会は、維持保存のため年会費(原則300円)と機器・下水等の支障で会費不足が生じた場合、分担金納入を義務とする。尚、会員は井戸を自由に使用することが出来る。会員は災害・非常時の供給を優先的に受けることが出来る」と記述があります。このように、この井戸の基本的な性格はあくまで地域の共同井戸といえるでしょう。

会の目的は、たしかに災害への備えという側面もありますが、注目したいのは後半の部分です。「会員の親睦を図る」という目的こそが、人びとが井戸の保全に乗り出した理由であるように感じられるのです。

その理由を詳しく理解するために、佐藤さんによる井戸や近隣住民に対する働きかけをみていくことにしましょう。

① 日常的な井戸利用の促進

井戸水は日常的に使い続けなければならないと教わりました。というのも、井戸水は常に水を使い続けなければ、井戸内部に不純物が溜まって水質も悪くなってしまうのだそうです。井戸内部に溜まった水は常に使うようにして、滲みだしたばかりの新鮮な水を使うことを常に意識していることがうかがえます。したがって、会員や近隣住民には、庭の草木の水やりなどの日常的な利用が呼びかけられています。

② 会費300円の意味

ここで興味深いことは、会費は必要ないのに、あえて300円を徴収していることです。話を聞くと、「ほんとうは金額はいくらでもいい。でも無料ではダメ」だといいます。その意味とは、この井戸を自分たちが守っているのだという意識を持たせるためだというのです。たしかに無料にしてしまえば、よほどの関心をもたなければ井戸とのつながりを持つことは難しいでしょう。しかし、金額にかかわらず会費を支払っていれば自分ごととして認識することができるはずです。この方法は井戸に対して「所有意識」を持つ方法のひとつとして参考にできるものでしょう。

③　井戸のある路地空間を「いたずら」する仕掛け

佐藤さんはそれだけでなく、井戸のある路地空間に季節ごとに飾り付けをするなどして、道行く人びとの目を楽しませています。このことを本人は「いたずら」と表現していますが、この飾り付けをきっかけに会話が生まれることが大切だというのです。

会の結成や井戸の管理を通じて、住民同士の会話が明らかに多くなり、地域活動に関心を持つ人が増えたとその効果を話してくれました。この井戸も新宿区の災害時協力井戸に指定されたことにより、周囲からは行政に管理を任せてしまえばいいのではないかという声も聞こえてきたそうです。しかし、それでは「人のつながりがなくなってしまうから、自分たちでやる必要がある」と語られ、さまざまな働きかけが続けられているのです。

災害時協力井戸でもあるため、いざというときに井戸が使えるようにしておく必要があります。そしてなにより、人のつながりを維持していかないと、災害時のみならず、日常においても、地域生活は成り立たないことを教えてくれているように思います。

この事例からわかることは、たしかに佐藤さんら当事者には「社会的権利」という水準で認識されているわけではないものの、行政に任せてしまっては、なにか大切なものを失うような気がすると認識されていたことです。そして、やがて人のつながりがなくなってしまうのではないかと危惧されているからこそ井戸の保存会を組織化し、「井戸端」にさまざまな働きかけが続けられているのです。

ここまで地方と都市の対照的な2つの事例をとりあげ、地元住民の持つ「社会的権利」を守ることの意味を考えてきました。

水場で生じる「社会的権利」とは、法的な契約関係ではなく、いわば現場の人びとの社会関係のなかで培われてきたものといえます。したがって、明文化したり、可視化されるものではないため、行政側も外部の人たちにもその存在になかなか気づけないものかもしれません。そして、当事者である住民側も思いがけず見逃してしまうような不安定な権利であるといえます。

だからこそ、「社会的権利」の存在を積極的に見いだし、それを奪うことなく、社会的に認めていく必要があるのではないでしょうか。

4　公共水場の機能性と所有意識の濃淡

このブックレットでは、長野県松本市の「深志の井戸」、「鯛萬の井戸」、「源智の井戸」、「槻井泉神社の湧水」に加えて、秋田県美郷町六郷地区の「御台所清水」、東京都心の「市谷柳町の共同井戸」をとりあげ、どうすれば水と人のつながりだけでなく、人と人のつながりを生みだす「憩いの場」をつくりあげることができるのかを考えてきました。それはこれまでの私たちの社会では「井戸端」と呼ばれてきた地域空間を指しています。

ここまで議論したことをまとめると、**図2**に示すことができます。

松本市の公共水場において、居心地のよさに違いが生じた理由は2つありました。すなわち、水場の機能や性格と水場に対する「所有意識」の濃淡です。この2つを座標軸にすると、6つの水場をそれぞれ4象限に配置することができます。

そうすると、縦軸は、水場の機能面に注目し、人びとがかかわりやすいような多様な機能を備えているか、それとも、水汲み場や防災井戸のように単一の機能に特化したものなのかをあらわすことになります。前者は水の資源的価値以上に地域空間としての水場に対する人びとの意味づけに重きをおいたもので、後者は、水の資源としての価値に重きをおいたものと言い換えることもできるでしょう。

横軸は、水場をめぐる権利のあり方に注目し、その水場が人びとにどのような空間と認識されているのかをあらわしたものです。右端へ向かうベクトルでは、管理者の所有意識が強く、水場の法的な所有権は意識されず、働きかける地元住民の「社会的権利」が周囲に認められた状態を指しています。一方、左端に向かうベクトルでは、管理者の所有意識が弱く、

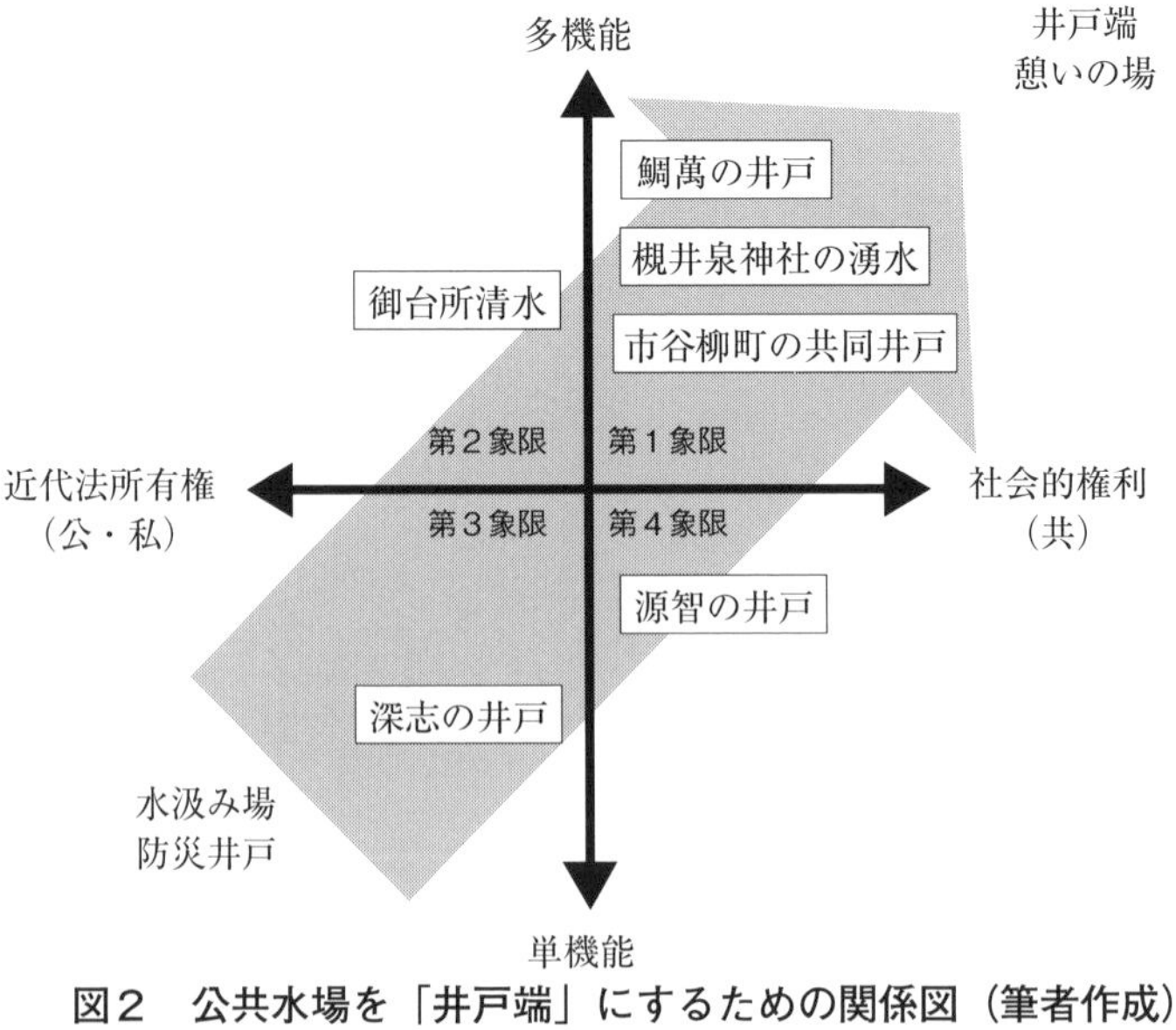

図２　公共水場を「井戸端」にするための関係図（筆者作成）

「社会的権利」が認識されにくい状況下では、その場の法的な所有権が強く意識されることになります。

このブックレットが目指すのは、第1象限の水場です。水汲みだけでなく、「鯛萬の井戸」のように子どもの遊び場となったり、「槻井泉神社の湧水」のように毎日参拝する人がいたり、人に会うためにやってくる婦人がいたり、コップを片手に読書にやってくる若者がいたり、精神的な拠り所であったり、「市谷柳町の共同井戸」のように人びとが語らう路地空間となっていたり、まさに「井戸端」のような多機能性を備えていることがわかります。

これらの水場は、地元住民による日常的な管理に支えられていますが、所有意識を持つと、「鯛萬の井戸」のように規範意識が芽生えることになります。それはどのような水場にしたいのか、地元住民の価値観や志向性を伴うものです。

「鯛萬の井戸」では「人の命を預かっていること」という管理者の規範意識があるからこそ親子でも安心できる「憩いの場」になっていました。水場の居心地のよさは、管理者の規範意識にあることは明らかで、行政にも周囲の利用者にも「社会的権利」が認められ、人びとが互いにつながりあえるような空間になっているのだといえます。「槻井泉神社の湧水」と「市谷柳町の共同井戸」にもそれぞれの水場の性格をふまえた志向性があり、それが水場の魅力につながっていることも理解できるのではないでしょうか。

第2象限は、多様な機能を備えながらも、住民の関与が弱く、法的な所有権が強く意識される水場のことです。たとえば、行政が整備する親水公園はその典型といえます。親水公園では、湧き水が利用できたり、子どもの遊び場があったり、たしかに多様な機能がみられますが、一般的には地元住民の関与はみられず、「公」の空間として法的な所有権が強く認識されることになります。

六郷地区の「御台所清水」もかつては、第1象限にありましたが、観光化され、清掃業者が管理を担うことで地元住民は日常的な管理を手放すことになりました。そのことによって、地元住民の「社会的権利」が認められにくい状況となり、第2象限に移った状態と考えられます。

第3象限は、地元住民の関与もなく、水の資源的価値に特化した水場のことです。「深志の井戸」が該当します。各地で広くみられる行政管理型の「水汲み場」、行政が公共施設に整備しはじめた「防災井戸」もここに位置づけられます。

第4象限は、管理者の「所有意識」があり、「社会的権利」が部分的に認識されていたとしても、水場の機能が「水汲み場」や「防災井戸」といった単一の機能に特化していくことで、「憩いの場」とは離れてしまう水場のことです。

「源智の井戸」がこれに該当します。かつては地元住民の「憩いの場」になるように、ベンチを置いていたこともあったようですが、利用者が殺到してベンチ周辺にゴミが散乱したり、深夜まで騒がしくなることがあり、ベンチを撤去することになりました。地元住民は用事がなければ立ち寄りにくい空間となってしまったのです。水の資源的価値に特化した「水汲み場」に変化するなかで、かれらの所有意識は弱まり、「社会的権利」も周囲に認識されにくい状況になってしまったのです。

このように図式化すれば、政策論としては、第1象限の「憩いの場」(井戸端)を目指すにはどうすればよいのかを考えていくことになるでしょう。

第2象限の六郷地区の「御台所清水」では、地元住民の「社会的権利」を認めていくことで再び「憩いの場」は実現可能でしょう。すなわち、日常的な管理の権限を地元住民に戻していく必要があるのです。行政にはそれをサポートする役割が求められます。

第3象限にある「深志の井戸」では、まずは、地元住民が関与しながら、水場の機能を充実化させる方向性を考えることになります。駅周辺には住宅街がありませんが、駅周辺には複数の商店街があり、担い手候補になりうるものです。飲食店で提供される水は、近くの水場の湧き水であることが多く、まずは「深志の井戸」の水を広く利用してもらうことからはじめるとよいでしょう。やがて井戸の利用に対して感謝の気持ちを抱き、管理を申し出る店主がでてくる可能性があるかもしれません(注13)。

(注13)このように述べる理由は、水場の利用者が管理の担い手に転じるケースが各地でみられるようになっているからです。「鯛萬の井戸」の管理に加わった2名は、水場を利用するうちに管理者の存在に気づき、感謝の気持ちから管理の担い手に加わっています。また、富山県黒部市の公共水場でもそのような事例がみられ、水場の管理組織による担い手獲得の仕組みを贈与と返礼の論理に注目して論じてきました(前掲書　野田、2018)。「源智の井戸」においても、水を汲んだ後にデッキブラシで掃除をしたり、持参したタオルで井筒を拭く利用者が少数ですが存在します。聞きとりをしてみると、井戸の利用に感謝の気持ちがあり、お礼のつもりで自主的に掃除をしているといいます。このような気持ちも少なからず「所有意識」のあらわれと捉えることもできるでしょう。先にふれた「源智のそば」店による水路掃除も同様です。将来的にはこのような感謝の気持ちを抱いた利用者が管理の担い手に加わる可能性は少なくないと考えられます。

第4象限の「源智の井戸」では、「水汲み場」という単機能特化型の水場から地元町会や守る会の人びとがどのような水場にしたいのか、人びとの価値観や志向性をふまえつつ、かれらの暮らしを充実させる機能を盛り込んでいくことになるでしょう。地元にとって「源智の井戸」は、文化財として誇らしいもので、小さな祠もあって地元町会にとっての中心的な存在でもあったようです(注14)。そのような空間を取り戻すことができれば、人びとがふらりと立ち寄りやすく、会話の生まれる「憩いの場」になっていくはずです。このことは、地域空間として「水汲み場」以上の価値を高めることになり、利用者や観光客にも歓迎されることでしょう。

V　公共水場を「井戸端」にする方法

このブックレットでは、どうすればすべての人びとが利用しやすく、居心地のよい公共水場をつくりあげることができるのかを考えてきました。公共水場を「井戸端」にするには、2つのベクトルが存在することが明らかになりました。

ひとつは、水汲みや防災といった単一の機能ではなく、多様な人びとのかかわりしろとなる多機能性を帯びた水場をつくりあげることです。もうひとつは、水の資源的価値以上に地域空間としての水場に対する人びとの意味づけに重きをおくことです。そのことが地元住民の「所有意識」を育み、「社会的権利」の生成につながっていくことを論じてきました(注15)。

地域の水に対する政策的な再評価は、ともすれば、「防災」と「観光」という単一の機能を公共水場に押しつけかねない側面がみえてきました。水場の単機能化は、担い手のかかわりしろを奪い、人と人のつながりの再生を遠ざけてしまうかもしれません。

本来、水場は「井戸端」と呼ばれるように、地元の人びとの社交場であり、多様な機能を備えた地域空間でした。「市谷柳町の共同井戸」のように、地域のつながりの希薄化が叫ばれる東京都心部で実践できるならば、全国各地で水場を介した地域再生は実現可能だと勇気づけられる思いがしませんか。

近年、地域空間を「公」・「共」・「私」と区分する発想が社会科学や行政機関のなかでみられるようになってきました。「公」とは国や地方自治体が所有・管理する空間のことです。「共」は地元コミュニティなど地元住民が共同で所有（占有）したり、管理する空間を指します。この領域はコモンズとも呼ばれています。「私」は住民個人や民間企業などが私的に所有・管理する空間のことです。

（注14）井戸水が流れる水路は子どもたちの格好の遊び場になるはずです。現状は藻が生えて足を滑らせる危険があり、親子連れの利用者が子どもたちを遊ばせることをためらう姿がありました。これが改善されるならば、子どもたちの遊び場という機能を備えることにつながるでしょう。子どもたちの楽しむ姿をみて、その親が水場に対して関心を抱き、将来的に担い手に加わる可能性も期待できます。また、幼少期の水場遊び場の記憶は水場に対する愛着や所有意識の醸成につながるでしょう。

（注15）まちづくりや社会課題の文脈に限らずビジネスの現場でも「自分ごと化」というフレーズがよく聞かれるようになりました。しかし、スローガンとして効果があっても、具体的な取り組みにつながりにくいという指摘もあります。すべてに応用できるとは思いませんが、「自分ごと化」の本質には、「所有意識」と「社会的権利」の段階があり、「権利」の生成まで深めて考えることができれば、現場での実践や政策論のヒントになるように思います。

このなかで政策的にはとくに「共」への関心が高まりつつあります。地元コミュニティや住民の主体的な管理のもと行われているまちづくりや環境保全活動は有効性が高いことが広く認識されるようになっているからです。

公共水場のある空間は、三分類のなかでは「公」に属するものと考えられます。しかし、驚くことに、「井戸端」となっていた水場では、法的な所有権を保持していなくとも、地元町会や有志の住民が「所有意識」を持って水場空間を占有し、日常的に管理することで、誰もが居心地のよい空間になっていたのです。

すなわち、「井戸端」では「公」の空間に「共」が立ち現れることで、結果的にすべての人びとにとって憩いと安らぎの空間となっていたのです。これは、地元住民による公共空間のコモンズ化の試みと言い換えることができます。「公」と「共」の空間が重なりあっている結果として、「憩いの場」の実現や人と人のつながりの再生に結びつくのではないでしょうか。

公共水場のコンセプトとは「公＝すべての人びとのもの」ということです。なんとも耳あたりのよい言葉ですが、裏を返せば「誰のものでもない」ということです。ひと気のない水場は、地元住民の関与がなく、誰のものでもないから価値中立的で味気ないのです。

冒頭に述べたように、ポスト近代といわれるこんにちにおいて、国や地方自治体の政策を通して、疎遠化した水と人の関係を近づける試みが各地でみられるようになってきました。これは、絶好の機会であるとともに、ともすれば、住民の「社会的権利」の剥奪や喪失にもつながりかねないことも事例からわかってきました。

民俗学者の宮本常一はかつて近代化による水と人の疎遠化が「民衆の管理権の放棄」をもたらすと警鐘を鳴ら

していたことを思い出します(注16)。

また、このブックレットの立場からすれば、宮本が民衆の持つ「権利」にまで言及していることを心強く思います。宮本のいう管理権とは、かれの膨大な著作のなかではっきりと位置付けられているわけではありませんが、これまで示してきた「社会的権利」とそう遠くはないはずです。

水と人の分断の危機はかたちを変えながらもいつの時代にも潜んでいるものなのかもしれません。

このブックレットはその危機に抗いながら、水と人の関係、さらには人と人の関係の再生に向けたささやかな試みのひとつとして位置付けておきたいと思います。

謝辞

本研究は、一般社団法人河川財団河川基金および公益財団法人クリタ水・環境科学振興財団の助成を受けた研究成果の一部です。松本市での調査においては、松本市役所、ミツカン水の文化センター、法政大学野田ゼミ2期生にご協力いただきました。各地の水場の利用者や管理者のみなさまには多大なご協力をいただき、多くのことを教えていただきました。記して感謝の意を表します。

(注16) 宮本常一「水と社会」近江文化叢書企画委員会編『いのちの湖——琵琶湖問題シンポジウム大阪・京都』サンブライト出版：234－247（1980年）。

〈私の読み方〉「公共水場」論の醍醐味と意義

明治大学　小田切徳美

1　研究とフィールドワーク―本書の醍醐味―

本書を一気に読み進めた読者が多いのではないだろうか。解題者（小田切）は、まさにそうだった。それは、本書全体の大きな流れとそれを導く細かい手法の両面において、「醍醐味」とも言える魅力があるからだろう。

まず、本書の流れであるが、「水場」という小さな対象から始まる。地域研究の中でも、決して主要な対象ではない。しかし、事実、研究論文サイトで「公共水場」を検索しても、著者（野田氏）の論文を中心に数本しか見当たらない。そのようなものを対象としつつ、その結論部分では、現代社会の難問と言えるコモンズ管理のキー概念である、「社会的権利」（共同占有権）にまで課題が一気に昇華される。「一気に」としたのは、もちろん「無理」にという意味ではなく、そこには、研究として確かな手続きが取られているが故に、読者は自然に導かれる。つまり、「水場」「井戸端」という何気ない存在から、読者は環境問題研究や地域社会研究のフロンティアに導かれる。

もうひとつは、フィールドワークの醍醐味である。長野県松本市における水場調査とその分析は本書の中心に位置づく。注にもあるように、野田氏の大学ゼミにおける実習として行われたものである。そのため、本書には、例えば、「調査に同行した学生たちも思わず長居してしまうほどでした」、「水場で調査をしていた学生たちも居場所がなく、落ち着かない様子でした」と、学生目線での事実が語られており、それがリアリティを高めている。
それだけでなく、「……誘引力のある井戸の差異には、なんらかのかたちで地元住民がかかわっていると考えられそうです。（中略）しかし、この仮説はすぐに裏切られることになりました」という記述にあるように、本書には、調査中の緊張感に満ちた過程が隠すことなく示されている。解題者はこの「仮説が裏切られた」というプロセスにも、本書の魅力を感じている。この点は、現地フィールドワークの特質にかかわるもので、なかなか表現しづらい点であるが、実は著者自身が別の場所で分かりやすく語っている。同じ調査過程に対する説明である。

メンバーには3つの井戸のうち、思わず利用してみたいと惹かれた井戸を選んでもらい、5人1組でグループを編成した。フィールドワークまではグループごとに資料・史料を通じた事前のリサーチを行なって、当該の井戸がなぜ人びとを惹きつけるのか、仮説を立てることにしたのである。／そしていざ、フィールドワークである。めでたくも、仮説は見事に裏切られることとなった。／ここでめでたくも、というのは、フィールドワーカーにとって、現場で仮説が裏切られることはたしかに苦しいことだが、むしろ歓迎すべきことでもあるからだ。机上で考えたことなど所詮大したものではなく、現場で裏切られて初めて問いが深まり、視角が研ぎ澄まされていくことを経験的に知っているからである（野田「どうすれば水場を『憩いの場』にできるのか？」、『水の文化』第69号、２０２１年」）。

このように、フィールドワークの過程で、「仮説が裏切られる」ことは、実は重要なプロセスであり、まさに「歓迎すべき」ことである。それにより、研究室における試行錯誤よりも、遙かに深く、実態の把握と本質理解が導かれるからである。解題者も、実際それを何度も経験しており、むしろフィールドワークの楽しみのひとつである。

今後、オンライン活用による実態把握などが、研究面でも大学実習でもさらに活発化するであろう。しかし、想像するに、この「裏切り」の持つ効用は、現場に深く入り込むフィールドワークのみが提供するものではないだろうか。

このように本書は、この「裏切り」をも含めて語ることにより、フィールドワークの重要性をリアルに伝えており、地域調査論としても意義深い。

2　本書の3つの特徴

いうまでもなく、本書の価値はその中身にある。あらためて、解題者が注目する、3つの特徴を指摘しておきたい。

第1に、公共水場に関して、「居心地が良い」という状況があることを明らかにして、それをあるべき姿としている点である。しばしば、地域やその空間、施設に対して、「活力ある」や「魅力ある」などの目標が語られるが、「居心地が良い」はそれよりも主観的なものであり、読者によっては戸惑いがあるかもしれない。

しかし、実はこれは理論的な背景を持ったものであり、最近の公共空間をめぐる議論が関係していると思われる。従来の公共空間は、行政や専門家が検討し出来上がったものを利用し、享受するものであった。だが、最近では、例えば都市公園などのように、その設計や形成プロセスに多様な利用者を巻き込むことが増えてきた。そこでは、「まちなかの居場所」を作り出すことが課題となり、必然的に「人の活動」が重視される。それを都市計画論などでは「プレイスメイキング」と呼ばれている。そして、その目的が、より人の意識を重視した「居心地が良い空間づくり」である。

このような発想が著者により、水場に適用されたのが本書であろう。そのため、水場を、その本来的な機能である水供給の対象のみではなく、より人間に近い視点から見ようとしており、「居心地の良い」という目標設定は、いわば必然であったのだろう。

第2に、この「居心地のよい」という条件を分析し、それを多機能性と社会的権利という2点でまとめたことである。それぞれの内容を見ていきたい。まず「多機能性」であるが、それは、次のように説明されている。

「槻井泉神社の湧水」と「鯛萬の井戸」では、「水汲み場」でありながらも、それはあくまで複数ある機能のうちのひとつにすぎません。参拝したり、近所の人に会うためにやって来たり、読書を楽しんだり、子どもの遊び場であったり、人びとがふらりと立ち寄りたくなるような空間になっていました。

「水汲み」にも、複数の機能があることから、それも含んで書き出せば、①日常時水利用の場、②防災時水利用の場、③憩いの場、④集いの場、⑤遊びの場、⑥信仰の場などとあろう。そうであるがゆえに、地域内の性別、世代、そして地域外からも多様な目的で水場を利用し、訪ね、それぞれの目的を達する。そのうえで、さらに彼らが横でつながり、最終的には「居心地が良い」と感じるのであろう。

他方で、「単一機能化した水場」には次のように記述されている。

にぎやかな利用がみられる一方で、現場にはやや緊張感のある空気が流れていることです。利用者のほとんどは、お互いに顔を合わせても挨拶や談笑する光景がみられず、ときには競い合って水を汲むような場面もありました。利用者のそれぞれが無言で淡々と水を汲み、それを終えたら、さっと帰っていくのです。（中略）これほど多数の利用者がいながらも会話の乏しい水場は記憶にありません。水場で調査をしていた学生たちも居場所がなく、落ち着かない様子でした。利用者がみなそそくさと水場を去っていくのも、居心地のよさが感じられないからかもしれません。

ここでは①、②のみに特化されているため、むしろ、③～⑥の機能が排除されていることが、活写されている。また、「社会的権利」についても、明快であり、次のように説明されている。

「鯛萬の井戸」では「人の命を預かっていること」という管理者の規範意識があるからこそ親子でも安心できる「憩いの場」になっていました。水場の居心地のよさは、管理者の規範意識にあることは明らかで、行政にも周囲の利用者にも「社会的権利」が認められ、人びとが互いにつながりあえるような空間になっているのだといえます。

ここで重要なのは、「社会的権利」が管理者としての当事者意識に繋がり、そして実質上の所有意識を生み出しているという点である。その点で、その水場は、「みんなのもの」という意識に溢れ、利用者を意識した管理が行われている。

このような「機能」と意識面を含めた「社会的所有」を要因とする分析は説得的である。この点は、先の「居心地の良さ」を作りだす、プレイスメイキング論を一歩進めたものであろう。その具体的な要素として、「場の多機能化」

と関係者による「社会的権利の確保」が見えてきたからである。

そして、本書の第3の特徴として、上記の要因分解が行われたからこそ、「居心地の良い公共水場」形成の多様なプロセスが明確化されている。その点を著者の作成した図に重ねた（**図**）。ここでは、「社会的権利」は、よりラフに「当事者意識を持ちやすい」と言い換えている。また、煩雑さを回避するために、井戸の固有名詞を避けて、A〜Cと表している。

望ましいポジションが、第1象限にある「居心地の良い水場」である。そこに向かう動態には3つのパターンがある。まずA（御台所清水）であるが、そもそも「居心地の良い水場」であったものが、「観光化され、清掃業者が管理を担うことで地元住民は日常的な管理を手放すことになりました」とされている。その点で、「日常的な管理の権限を地元住民に戻していく必要がある」と記述されている。それは、図で示したように、横軸を移動し当事者意識をとりもどすプロセスであろう。

それに対して、C（源智の井戸）は長い歴史のなかで、自治体が管理する一方で、日常的な管理は地元町会有志で結成された「源智の井戸を守る会」によって行われて、むしろ当事者意識は

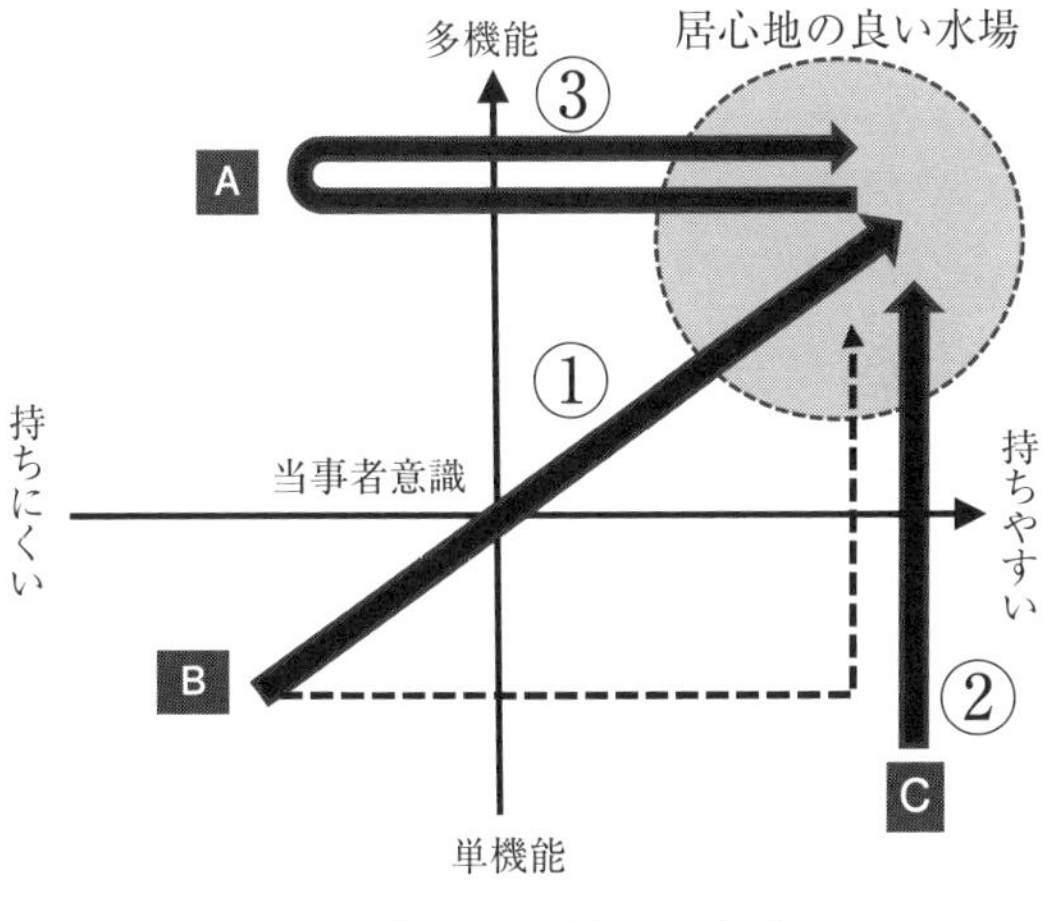

図　「公共水場」の動態

資料：本書の記述より、解題者作成。

高い。しかし、「水汲み場」の機能に特化して、そのために、先の引用文にもあったよう、時には競いあう、緊張感のある水場となっていた。ここでは、「地域空間として『水汲み場』以上の価値を高める」ことが求められ、垂直方向への移動が求められる。

また、B（深志の井戸）では、「地元住民が関与しながら、水場の機能を充実化させる方向性を考えること」が求められており、縦軸、横軸の双方の移動が必要になる。ただし、その移動は、両軸に対して、ななめに漸進するのではなく、まず、行政と連携して、所有意識を実質化することにより、地域住民の当事者意識を高め、その後、Cのように垂直方向の移動を実現するというプロセスも考えられる（点線の移動パターン）

こうした著者による、「居心地の良い空間」の二軸の要因分解により、それぞれの水場の位置が特定化され、同時にそれを「居心地の良い水場」に誘導するポイントが明らかになるのである。

この3点の特徴から明らかなように、本書は水場に関わるプレイスメイキング論であり、しかもあるべき姿の条件を詳細な実態調査により解明することにより、望ましい姿に近づく実践なポイントを明らかにしているのである。

3　農村再生への示唆

このような本書のフィールドは、長野県松本市を中心にしつつ、秋田県美郷町、東京都市ヶ谷地区までも登場し、都市、農村を問わない「水場再生論」と言える。そこから、特に農村を対象とした議論にいかなる示唆があろうか。ここではふたつのことを指摘しよう。

第1に、本書で水場に適用されたプレイスメイキング論は、農村にも適用可能性がある。農村における人口減少が進む中で、ますます一人一人に注目する必要が強まっている。そのために、多様な人々を巻き込み、それぞれが「居心地が良い」を感じる空間を農村につくることは、むしろ欠かせない。それは農村空間全体から、農村レストラン、個人の住居まで、様々なスケールに適用できるものであり、今後の農村計画論のテーマになりうるものである。

第2に、解題者は、最近の農村の中には、地域づくりに活躍する地元住民、移住者、関係人口などが交錯する「にぎやかな過疎」が生まれていることを論じている。例えば、京都府綾部市や岡山県西粟倉村などの一部に見られ、そこでは、地域の元々の住民と移住者が気軽に話をできる交流の場所や拠点を、農家民宿、カフェなどの形で作っている点も共通している。こうした多様な人々の交流を、最近では「ごちゃまぜ」というキーワードで表現することもあるが、多彩な人々が、気兼ねなく訪れ、交流し、時には新しいアクションの出発点となる場がいずれの地域でも存在している。「にぎやか」という印象はここから発信されていることが多い。

そこでも、本書の議論が当てはまる。その拠点の条件も、やはり「多機能性」であり、住民の「社会的権利」（当事者意識を持ちやすい）ものでなくてはならないであろう。さらに言えば、多様なプレイヤーが交錯する場であることも追加的条件となる。つまり、にぎやか過疎に不可欠な拠点形成の条件が、ここでの手法を利用することにより、見えてくるのである。

このように、本書の分析は、適用範囲が広く実践的である。それは、試行錯誤を重ねたフィールドワークがベースとなりつつも、しっかりとした理論の援用がなされているからであろう。理論的かつ実践的な地域空間分析の誕生と言え、それを同じ地域研究者として喜びたい。

【著者略歴】

野田 岳仁 ［のだ たけひと］

〔略歴〕 法政大学現代福祉学部准教授。1981 年、岐阜県生まれ。
早稲田大学大学院人間科学研究科博士課程修了。博士（人間科学）。
〔主要著書〕『環境社会学の考え方』ミネルヴァ書房（2019 年）共著、『生活環境主義のコミュニティ分析』ミネルヴァ書房（2018 年）共著、『原発災害と地元コミュニティ』東信堂（2018 年）共著、『Rebuilding Fukushima』Routledge（2017 年）共著。

【監修者略歴】

小田切 徳美 ［おだぎり とくみ］

〔略歴〕 明治大学農学部教授。1959 年、神奈川県生まれ。
東京大学大学院農学生命科学研究科博士課程単位取得退学。博士（農学）。
〔主要著書〕『農村政策の変貌』農山漁村文化協会（2021 年）、『農山村からの地方創生』筑波書房（2018 年）共著、『世界の田園回帰』農山漁村文化協会（2017 年）共編著、『農山村は消滅しない』岩波書店（2014 年）、他多数。

「農山村の持続的発展研究会」について

（一社）日本協同組合連携機構（JCA）では、「農山村の新しい形研究会」（2013 ～ 2015 年度）および「都市・農村共生社会創造研究会」（2016 ～ 2019 年度）（いずれも・座長・小田切徳美（明治大学教授））を引き継ぐ形で、「農山村の持続的発展」をテーマに、そのために欠かせない経済（6 次産業、交流産業）、社会（地域コミュニティ、福祉等）、環境（循環型社会、景観等）など、多方面からのアプローチによる調査研究を行う「農山村の持続的発展研究会」（2020 ～ 2022 年度）を立ち上げ、研究を進めてきた。メンバーは小田切徳美（座長〈代表〉／明治大学教授）、図司直也（副代表／法政大学教授）、筒井一伸（副代表／鳥取大学教授）、山浦陽一（大分大学准教授）、野田岳仁（法政大学准教授）、東根ちよ（大阪公立大学准教授）、小林みずき（信州大学助教）。研究成果は、『JCA 研究ブックレット』シリーズの出版、WEB 版『JCA 研究 REPORT』の発行、シンポジウムの開催等により幅広い層に情報発信を行っている。

JCA 研究ブックレット No.32

井戸端からはじまる地域再生

暮らしから考える防災と観光

2023 年 8 月 30 日　第 1 版第 1 刷発行

著　者 ◆ 野田 岳仁
監修者 ◆ 小田切 徳美
発行人 ◆ 鶴見 治彦
発行所 ◆ 筑波書房
東京都新宿区神楽坂 2-16-5　〒162-0825
☎ 03-3267-8599　郵便振替 00150-3-39715
http://www.tsukuba-shobo.co.jp

定価は表紙に表示してあります。
印刷・製本 = 平河工業社
ISBN978-4-8119-0655-3 C0033